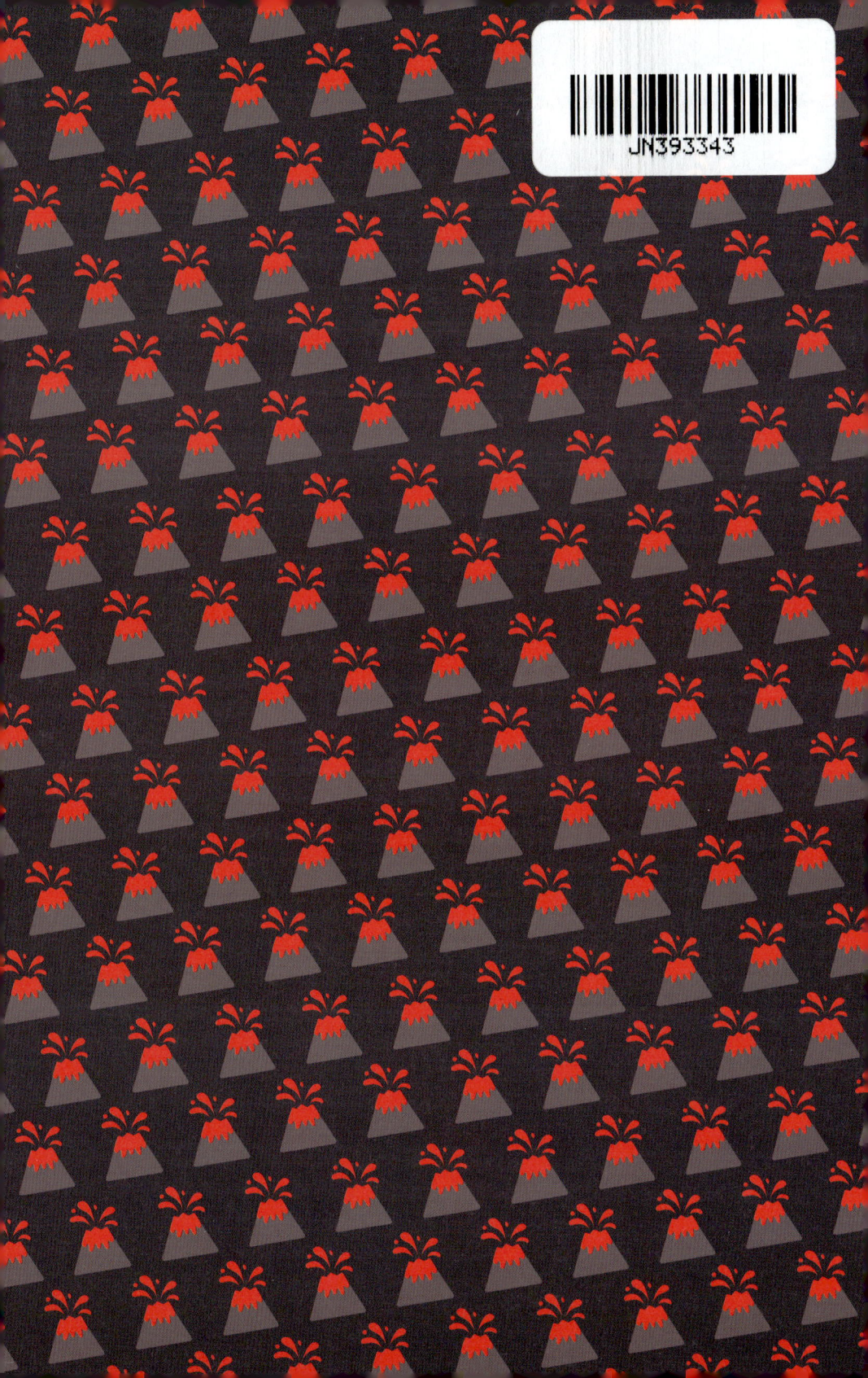

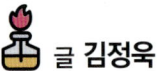 글 **김정욱**

만화잡지 연재를 시작으로 많은 책과, 라디오, 드라마, 웹툰 등 다양한 분야에 글을 썼습니다. 지금은 학습만화와 어린이 소설을 통해 재미있고 유익한 콘텐츠를 만들기 위해 노력하고 있습니다. 대표작으로는 《로봇세계에서 살아남기》와 《Why》, 《Who》, 《설민석의 세계사 대모험》, 《말이야와 친구들》, 《아토모스 기사단》 등이 있습니다.

 그림 **유희석**

신나고 재미있는 그림을 그리기 위해 쉴 틈 없는 매일매일을 보내고 있습니다. 대표작으로는 《단테의 신곡》, 《만화 문화유산답사기》, 《도티&잠뜰 천재 해커의 비밀》, 《쿠키런 과학상식》, 《보물섬》, 《잠뜰TV 픽셀리 초능력 히어로즈》, 《흔한남매 불꽃 튀는 우리말》 등이 있습니다.
채색 도움: 백진연, 이찬영.

 정보 글 **서원호**

초등학교 교감 선생님으로 학생들과 함께하고 있습니다. 경기도 창의융합교육연구회를 운영하고 프로그램을 개발하며 2016년 올해의 과학교사상을 받는 등 과학 교육 분야에서 활발히 활동 중입니다. 지은 책으로는 《밤하늘에 숨은 도형을 찾아라》, 《구석구석 개념 톡, 과학 톡!》 등이 있습니다.

 감수 **김희목**(KAIST 과학영재교육연구원 선임연구원)

강원대학교 과학교육과를 졸업하고 같은 학교에서 과학교육 전공으로 석사, 박사 학위를 받았습니다. 지금은 KAIST 과학영재교육연구원에서 과학 영재 학생들을 위한 콘텐츠 개발과 과학 영재 육성을 위한 나라의 정책연구를 하고 있습니다.

감수 **권경아**(KAIST 과학영재교육연구원 선임연구원)

서울대학교 생물교육과를 졸업하고 조지아대학교에서 과학교육 전공으로 박사학위를 받았습니다. EBS에서 여러 생명과학 교재들을 기획, 개발하였고 지금은 KAIST 과학영재교육연구원에서 과학 영재 학생들을 위한 콘텐츠 개발과 정책 연구를 하고 있습니다.

등장인물

레너드
미스터리가 있는 곳이라면 어디든 달려가는 시크릿 에이전시의 정예 요원.

룰라송
레너드 요원과 찰떡 호흡을 자랑하는 시크릿 에이전시의 요원.

너굴 박사
시크릿 에이전시 소속 과학수사본부의 박사. 언제나 과학 연구에 몰두한다.

도치 박사
베일에 싸인 변방의 과학 박사. 너굴 박사를 질투한다.

러시
카리스마를 뽐내며 레너드 요원을 돕는다. 운동은 만능!

미스터 블랙
누구도 그의 얼굴을 본 적 없지만 미스터리 사건 뒤에는 항상 그가 있다.

차례

프롤로그 • 6

1장 쌍둥이 섬의 전설 • 9

2장 예상치 못한 습격 • 41

3장 거인의 정체 • 69

4장 위기의 쌍둥이 섬 • 105

1장

쌍둥이 섬의 전설

이건…?

두두두두두두

스윽

두두두두

거인이 나타났다!!

나무가 흔들려요!

과학 X 파일

지구가 럭비공 모양이라고?

지구는 둥근 모양이야. 지구가 둥글다는 건 어떻게 알게 되었을까? 그리스의 철학자이면서 과학자인 아리스토텔레스는 월식으로 지구가 둥글다는 것을 증명했어. 월식은 지구가 달과 태양 사이에 위치해서 지구의 그림자에 달이 가려지는 현상을 말해. 이때 달에 비친 지구의 그림자가 둥근 것을 보고 지구도 둥글다는 것을 알게 된 거야. 다른 방법으로 지구가 둥글다는 것을 알아낸 사람도 있어. 스페인의 항해가인 마젤란은 탐험대와 함께 배를 이끌고 스페인을 떠났어. 그 후 1,000일이 넘는 시간 끝에 다시 스페인으로 돌아왔지. 지구가 둥글기 때문에 한 방향으로 계속 가다 보면 다시 출발한 지점으로 돌아온다는 것을 증명한 거야.

그렇다면 지구는 축구공처럼 완벽하게 둥근 모양일까? 그렇지 않아. 지구는 스스로 하루에 한 바퀴씩 돌지. 이걸 지구의 자전이라고 해. 극지방보다 적도에서 지구가 더 빨리 돌기 때문에 작용하는 힘이 더 커서 지구의 가로 부분이 조금 더 긴 럭비공 모양에 가까워.

적도 반지름이 극 반지름보다 22킬로미터 정도 더 길어!

바닷물은 마셔도 될까?

바다에서 물놀이할 때 바닷물이 입이 들어가서 짠맛을 느낀 적이 있지? 바닷물은 왜 짤까? 육지의 땅과 바위에는 소금 성분을 포함한 미네랄이 들어 있어. 하늘에서 비가 내리면 빗방울들이 땅에 스며들어 강으로 이동하지. 육지의 소금 성분도 강을 통해 바다로 옮겨져. 이렇게 오랜 시간 동안 옮겨진 소금 성분 때문에 바닷물이 짠 거야. 그렇다면 바닷물은 마셔도 되는 물일까? 바닷물에는 소금이 몸에 해로울 만큼 많이 들어 있어. 소금뿐 아니라 다른 물질들도 많이 포함하고 있기 때문에 바닷물은 마시면 안 돼.

공기 중으로 증발해 날아가는 물의 양은 바닷물 전체에 비하면, 매우 적어서 짠 맛이 더 강해지지는 않아.

지구와 달은 서로 당기는 관계라고?

어떤 행성의 끌어당기는 힘 때문에 그 행성의 주변을 도는 천체를 위성이라고 해. 달은 지구의 위성이야. 지구와 달도 서로 당기는 힘인 중력이 작용하고 있지. 그래서 달이 지구 주변을 돌고 있는 거야. 지구는 달보다 1.6배 크고 중력도 달보다 6배나 커. 달에도 '바다'가 있는 거 알고 있어? 지구와 다르게 달의 바다에는 물이 없어. 달의 바다는 지대가 낮고 평평한 데다 어두워. 이 모습이 지구에서 보면 방아 찧는 토끼와 닮아서 달에 토끼가 산다는 이야기가 전해지게 된 거야.

우리는 서로 끌어당기고 있는 좋은 친구야!

내가 지구의 바다를 끌어당겨서 밀물과 썰물이 생겨!

> **과학 교과연계**
> 3학년 1학기 지구의 모습, 5학년 1학기 태양계와 별,
> 5학년 2학기 날씨와 우리 생활, 6학년 1학기 지구와 달의 운동

중력을 이용한 제기 놀이

준비물: 비닐, 동전, 고무밴드, 가위

① 비닐을 평평하게 펼친다.

② 비닐 가운데에 동전을 올려놓는다.

③ 동전을 비닐로 감싸고 고무밴드로 묶는다.

④ 가위로 동전 아래쪽 비닐을 길게 여러 갈래로 자른다.

⑤ 만들어진 제기를 발로 차며 놀이를 한다.

※ 비닐 대신 부직포나 종이를 잘라서 사용해도 돼!

동전의 개수를 늘리면서 어떤 변화가 있는지 관찰해 봐!

과학원리

제기를 공중으로 던지면 아래로 떨어진다. 지구의 중력 때문이다. 만약에 달에서 제기를 찬다면 지구 중력의 $\frac{1}{6}$밖에 안 되는 약한 중력이 작용해서 지구에서처럼 빠르고 강하게 떨어지지 않는다.

2장

예상치 못한 습격

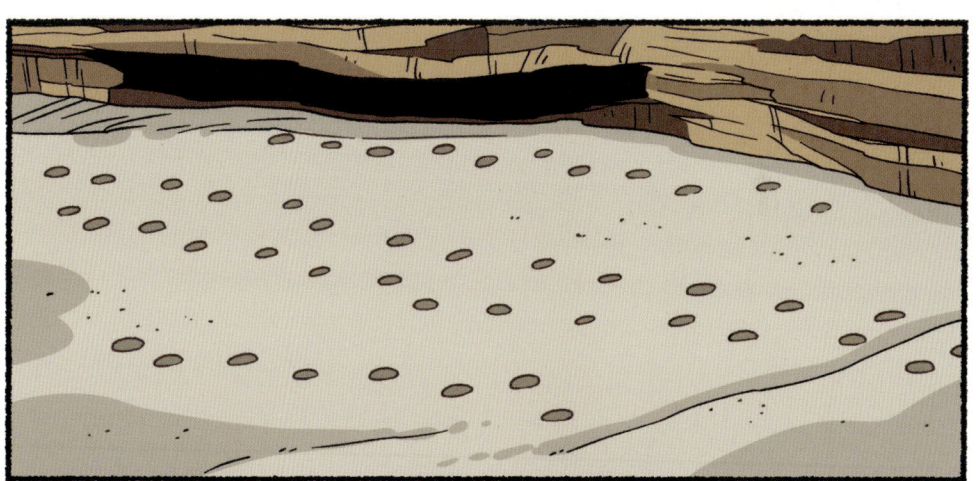

"죽은 생물 위로 오랜 시간 동안 흙과 같은 퇴적물이 쌓이면서 화석이 만들어 지지."

"그러다 그 지층이 바람이나 빗물 등에 의해서 점점 깎이면서 화석이 드러나게 되는 거야."

생물이 죽고 강이나 바다에 가라앉는다.

죽은 생물이 썩고 단단한 뼈와 이빨만 남는다.

시간이 지나 지층이 깎이면서 화석이 드러난다.

남은 생물의 위로 퇴적물이 쌓이고, 화석화 작용을 통해 화석이 된다.

"부족장님이 거인 발자국이라고 했는데 거짓말인가요?"

"글쎄…. 거짓말인지, 부족장님도 몰랐던 건지는 아직 알 수 없어."

"하지만 분명한 건 섬 어디에도 거인이 있다는 증거가 없다는 거야."

• 화석화 작용: 생물의 단단한 부위가 땅속의 광물질과 교환되는 작용.

잠시 뒤

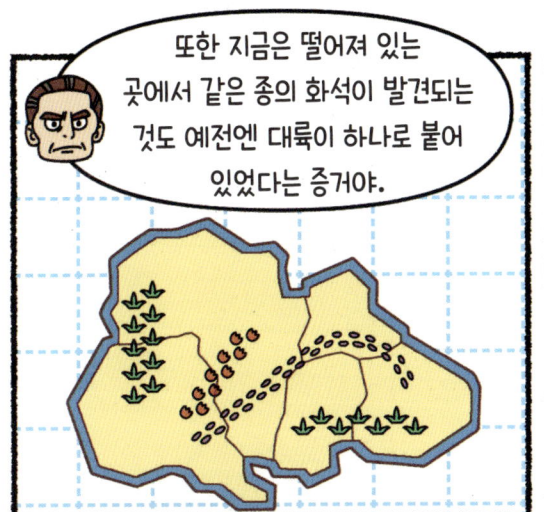

과학X파일

지형이란?

지형은 땅의 생긴 모양을 말해. 높이와 경사, 암석이 튀어나온 모양, 토양의 질 등에 따라 분류가 돼. 언덕, 구릉, 절벽, 계곡이라고 부르고 바닷속에도 대륙붕과 같은 해저 지형이 있어.

흐르는 물이 지표*를 변화시킨다?

물이 흐르는 길을 따라서 흙이 이동하고 그로 인해서 지표가 변화하는 것을 알 수 있어. 높은 쪽에서 흐르는 물이 흙을 깎아서 아래쪽까지 운반하여 내려오면 흙이 쌓여. 쌓인 흙은 퇴적층이 되면서 지표가 변화돼. 이러한 과정이 계속 일어나게 되면 지형이 만들어지고 바뀌게 되는 거야.

*지표: 지구의 겉면, 또는 땅의 표면.

화석이 지구의 역사를 알려주는 열쇠?

화석은 생물의 뼈가 보존된 것, 일부만 남은 것, 윤곽만 남은 것, 흔적만 남은 것 등으로 나뉘어. 이런 화석들을 통해 오래전 살았던 생물의 진화와 지구의 역사를 알 수 있다고 해. 예를 들어 볼까? 1974년 에티오피아에서 약 320만 년 전에 살았던 초기 인류의 화석이 발견되었어. 이 화석은 인간이 어떻게 진화되었는지 아는 데 큰 도움이 되었지. 그것만이 아냐. 지금은 공룡이 살지 않지만 수많은 공룡의 화석들이 남아 있기 때문에 공룡의 종류나 크기 등을 알 수 있는 거야. 바다 생물의 화석이 산에서 발견될 수도 있어. 바다 생물이 죽어서 그 위에 흙이 쌓이면 시간이 지나 화석이 되지. 그때 지각이 움직이면 바닷속 땅이 솟아올라 산이 돼. 지층이 깎이면서 바다 생물의 화석이 드러나지. 그래서 바다 생물 화석이 발견된 산은 아주 오래전, 원래 바다였다는 것도 알 수 있어.

동물의 몸뿐 아니라 발자국이나 배설물, 그리고 식물까지 다양한 화석이 남아 있어.

> **과학 교과연계**
> 3학년 2학기 지표의 변화, 4학년 1학기 지층과 화석

화석 만들기 놀이

준비물
우유갑, 고운 모래, 석고, 물, 종이컵,
작은 공룡 모형, 막대, 장갑

① 고운 모래를 우유갑에 반쯤 넣어 단단하게 다진다.

② 고운 모래 위에 공룡 모형을 넣은 후 손으로 꾹 눌러준다.

③ 공룡 모형을 천천히 빼낸다.

④ 종이컵에 물을 반쯤 채운 후 석고를 넣고 막대로 걸쭉해질 때까지 젓는다.

⑤ 석고를 천천히 우유갑 안 모래 위까지 부어 준다.

⑥ 서너 시간 후에 우유갑 안에 있는 공룡 모형을 천천히 꺼낸다.

※ 주의: 석고를 물에 섞을 때 뜨거울 수 있으니 장갑을 끼고 꼭 보호자와 함께 실험해야 해!

화석은 퇴적물에 생물체가 아주 오랜 시간 파묻히고 사체가 없어진 빈 공간에 진흙 등의 물질이 채워져서 굳어져 생긴다. 화석 만들기 놀이는 화석이 만들어지는 과정을 짧은 시간에 알아보는 실험으로 간접 체험이라 할 수 있다.

공룡 모형 대신 조개껍데기나 물고기 모형 등 어떤 것이어도 좋아!

3장

거인의 정체

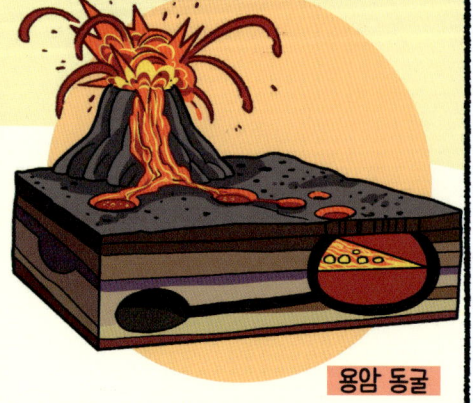

버럭!

거짓말!

호크스 팀장님은 처음부터 끝까지 거인이 있다는 걸 믿지 않았어.

그런 사람이 일부러 가짜 거인을 만든다는 건 말이 안 돼!

게다가 금을 혼자 가로챌 생각이었다면 당신과 함께 이곳에 오지 않았겠지.

반면 당신은 거인을 봐서 무섭다고 하면서도 다른 탐사 대원들과는 달리 끝까지 캠프에 남았어.

동작 그만!

쓸데없는 짓을 벌이면 동굴을 폭파할 거야.

포, 폭탄!!

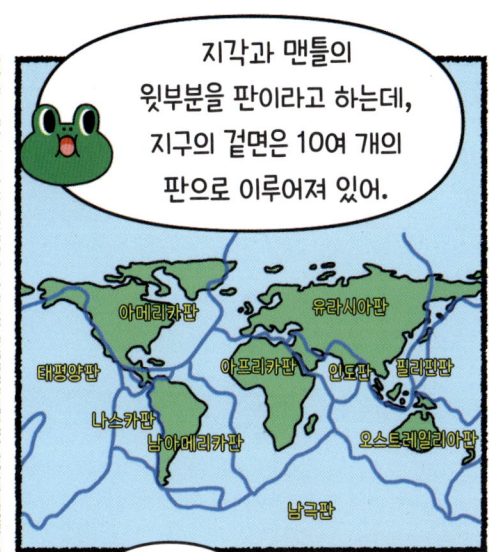

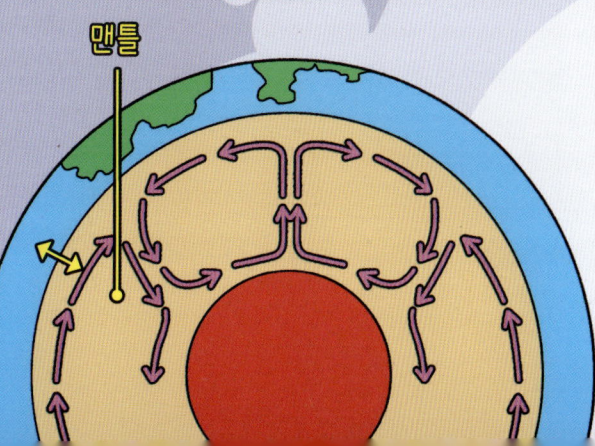

다들 괜찮아요?

콜록—
콜록—

뭐, 뭐야?
이건 금광석이
아니잖아.

이건 진짜 금이 아니라
누군가 금색 칠을 한 거야.

저기 좀
보세요!

휙

말도 안 돼.
그럼 진짜 금은
어디로 간 거야?

화성암

화성암은 땅속 깊은 곳에서 마그마가 식어서 굳어진 암석을 말해. 만들어진 깊이에 따라 심성암, 반심성암, 화산암으로 구분하지. 제주도에서 흔히 볼 수 있는 울퉁불퉁 검은색 암석은 현무암이라는 화산암의 한 종류야.

퇴적암

퇴적암은 퇴적물이 쌓여서 만들어진 암석이야. 크기와 종류에 따라 고운 진흙이 굳은 이암, 모래가 굳어진 사암, 자갈이 많이 섞인 역암 등으로 다르게 부르지. 퇴적암을 통해 지구의 역사를 알 수 있어.

변성암

변성암은 땅속 깊은 곳으로부터 열과 압력을 받아서 다른 암석으로 변한 거야.

열을 받아 만들어진 변성암	열과 압력을 받아 만들어진 변성암
사암 ──────→ 규암 석회암 ──────→ 대리암 셰일 ──────→ 혼펠스	화강암 ──────→ 편마암 현무암 → 녹색 편암 → 각섬암

돌고 도는 암석?!

암석은 계속해서 순환하고 있어. 지구 깊은 안쪽에서 높은 온도와 압력으로 암석이 녹으면 마그마가 돼. 이 마그마가 땅 위로 올라와 굳으면 화성암이 되지. 땅 위로 올라온 화성암은 비와 바람, 온도 변화 등 여러 작용으로 부서지고 이동해. 이동한 암석 알갱이들이 쌓이고 오랜 시간 동안 굳어지면 퇴적암이 되는 거야. 퇴적암이 지구 내부로 들어가서 높은 압력과 온도를 받으면 변성암이 되고, 변성암이 다시 녹아 마그마가 되면 이 과정이 다시 반복돼. 이 과정을 '암석 순환'이라고 불러. 암석 순환은 지구가 끊임없이 변화하고 있다는 증거지.

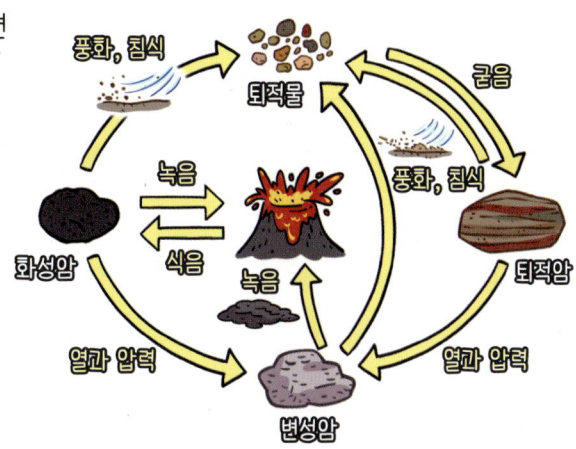

> **과학 교과연계**
> 4학년 1학기 지층과 화석, 4학년 2학기 화산과 지진

공깃돌 놀이

준비물
공기 크기의 다양한 암석(둥근 자갈), 흰 종이, 돋보기

① 주변에서 공깃돌 크기 정도의 다양한 암석을 찾는다.

② 암석을 흰 종이 위에 올려놓고 돋보기로 암석 속의 알갱이 크기, 색깔, 무늬 등을 관찰한 후 다양한 종류의 암석 5개를 고른다.

⑤ 고른 암석 5개로 친구들과 공기놀이를 한다.

암석이 생성되는 곳, 시기, 과정 등 환경이 다르므로 생활 주변에서 볼 수 있는 암석이 다 다르다. 어떤 곳에서는 퇴적암을 찾을 수 있고, 화강암만 있는 곳, 현무암이 보이는 곳 등 다양하다.

4장

위기의 쌍둥이 섬

실은 레너드 탐정님이
민트 초콜릿을 며칠째
먹지 못해 괴로워하셔.
네? 레너드님이
민초파였어요?
헉-
룰라송!
그건 비밀이야!
안녕!
나중에
꼭 다시 놀러 오세요! 그때
는 민초 아이스크림도 준비
해 둘게요!

옐언니 채널 방문하기

옐언니 MBTI

구독자 440만 유튜버 옐언니의
마음을 넓히는 MBTI 코믹스!

5월 발간 예정

나를 이해하고
친구와 가족을 이해하는
MBTI 세상 속으로~!

아—핫!

옐언니 원작 | 이오 글 | 라임스튜디오 그림
샌드박스네트워크 · 김재형 감수

신간

옐언니 최고 인기 콘텐츠
'잼민의 사랑'이 만화책으로!

옐언니의 우당탕탕
학교생활이 궁금한 친구?
여기 모여라!

놀면서 고민도 해결하는
<옐언니>를 만나 보세요!

옐언니 원작 | 안도감 · 이오 글 | 라임스튜디오 그림 | 샌드박스네트워크 감수

아울북 ©옐언니. ©SANDBOX NETWORK.

★ 아울북과 을파소의 더 많은 이야기를 만나 보세요. ★

인스타그램
@owlbook21

페이스북
@owlbook21

네이버카페
owlbook21

어린이를 위한 아주

정재승의 인간탐구보고서

정재승 기획 | 정재은 글 | 김현민 그림 | 이고은 심리학 자문

외계인의 눈으로 보는 지구인의 마음!
너와 나, 우리를 이해하는 어린이 첫 뇌과학

❶ 인간은 외모에 집착한다
❷ 인간의 기억력은 형편없다
❸ 인간의 감정은 롤러코스터다
❹ 사춘기 땐 우리 모두 외계인
❺ 인간의 감각은 화려한 착각이다
❻ 성은 우리를 다르게 만든다
❼ 인간은 타고난 거짓말쟁이다
❽ 불안이 온갖 미신을 만든다
❾ 인간의 선택은 엉망진창이다
❿ 공감은 마음을 연결하는 통로
⓫ 인간을 울고 웃게 만드는 스트레스
⓬ 인간은 누구나 더없이 예술적이다
⓭ 인간은 모두 호기심 대마왕
⓮ 인간, 돈의 유혹에 퐁당 빠지다
⓯ 소용돌이치는 사춘기의 뇌
⓰ 사랑은 마음을 휘젓는 요술 지팡이

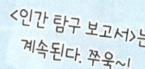
《인간 탐구 보고서》는 계속된다. 쭈욱~!

내 마음이왜 이럴까?
《인간 탐구 보고서》 인터뷰 보러 가기

우리가 과거 인류를 알아야 하는 이유!
《인류 탐험 보고서》 인터뷰 보러 가기

특별한 뇌과학 프로젝트
정재승의 인류 탐험 보고서

차유진 · 정재승 글 | 김현민 그림 | 백두성 감수

시리즈 완간

우리는 어떻게 우리가 되었을까?
외계인, 수백만 년 인류 역사 속에 뛰어들다!

❶ 위대한 모험의 시작
❷ 루시를 만나다
❸ 달려라, 호모 에렉투스!
❹ 화산섬의 호모 에렉투스
❺ 용감한 전사 네안데르탈인
❻ 지구 최고의 라이벌
❼ 수군수군 호모 사피엔스
❽ 대륙의 탐험가 호모 사피엔스
❾ 농사로 세상을 바꾼 호미닌
❿ 안녕, 아우레 탐사대!

> 이 책이 모든 10대들에게 '나에 대한 친절한 가이드북'이 되어 주길 바랍니다.

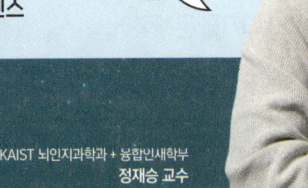

KAIST 뇌인지과학과 + 융합인재학부
정재승 교수

국내 최고 문해력 전문가 조병영 교수님의
우리 아이 첫 디지털 문해력

어린이를 위한 디지털 문해력

조병영 글 | 이리 그림

최나야 교수
하유정 교사
추천 도서

이 책은 어린이들이 경험을 나누는 놀이터이자
디지털 미디어를 진지하게 바라보는 '생각의 근육'을
키워 나갈 수 있는 교실입니다.
책을 다 읽고 나면 아이의 디지털 문해력이
쑥쑥 자란 게 느껴질 거예요.

한양대 국어교육과 교수, EBS〈당신의 문해력〉기획자
조병영 교수

화산은 어떻게 만들어질까?

화산은 지구 내부의 마그마가 지표면으로 분출한 용암 등이 쌓여 만들어졌어. 우리나라에도 화산이 있어. 백두산, 한라산, 울릉도의 성인봉이야. 지금까지 분출하고 있지는 않지만 활화산으로 분류되어 있고 제주도와 울릉도는 화산섬이지. 화산의 모양은 분출되는 마그마의 종류와 용암과 암석 파편, 여러 물질 등의 비율에 따라 달라져. 화산이 폭발할 때는 화산 가스, 용암, 화산재, 화산 암석 조각 등이 분출돼. 화산가스에는 수증기, 이산화탄소, 이산화황 등이 포함되어 있어서 사람과 동물 등에 위험할 수 있어. 대형 화산 활동이 일어날 경우 화산 가스로 인해서 태양 광선이 차단되어 기후변화에 영향을 주기도 하지.

오랫동안 분출하지 않은 화산을 휴화산, 분출이 아예 멈춘 화산을 사화산이라고 해.

여름이 없었던 때가 있다고?

1815년에 인도네시아의 탐보라 화산이 폭발했어. 화산이 폭발하면서 4,300미터였던 탐보라 화산의 윗부분이 날아가 2,850미터로 낮아졌으니 얼마나 강력했는지 알겠지? 화산이 폭발하면 공기 중으로 많은 가스와 암석, 화산재 같은 물질이 분출돼. 탐보라 화산 폭발로 이산화황이라는 물질이 지구를 덮으면서 뜨거워야 할 여름에 눈이 내리거나 추위가 몰아쳤어. 농작물도 모두 죽고 말았지. 이때를 '여름이 없는 해'라고 말해. 무시무시하지? 화산은 이렇게 항상 피해만 줄까? 화산 활동으로 쌓인 화산재는 농사 짓기 좋은 땅으로 만들어 주기도 해. 온천 같은 관광 자원을 개발하거나 땅속 열로 전기를 얻을 수도 있어.

고대 로마의 도시인 폼페이는 화산 폭발로 하루아침에 사라져 버렸어!

흙은 어떻게 만들어질까?

크고 단단한 바위와 돌이 작게 쪼개지고 분해되는 일을 풍화 작용이라고 해. 물이나 공기, 생물, 기온의 차이 등으로 풍화 작용이 일어나지. 흙은 풍화 작용으로 만들어져. 빗물이나 지하수는 바위와 돌의 틈으로 스며들어 오랜 시간 동안 녹았다, 얼기를 반복해. 나무뿌리는 바위틈에 파고들어 돌을 잘게 쪼개지. 나뭇가지와 부서진 바위 알갱이가 섞이면서 흙이 만들어지는 거야.

나무뿌리가 단단한 바위를 쪼갤 수 있다니 정말 놀라워!

지진이 자주 일어나는 곳이 있다고?

지구의 판 경계에서는 지각변동이 활발해. 특히 화산과 지진이 자주 일어나는 태평양 주변의 '환태평양 조산대'를 '불의 고리'라고 하지. 이곳이 바로 판의 경계들이 모여 이루어진 곳이야. 규모가 매우 큰 지진의 80퍼센트 이상이 환태평양 조산대에서 발생한대.

지진이 일어나면 어떻게 해야 할까?

① 집 안의 가스 밸브와 누전 차단기를 잠근다.

② 식탁이나 책상 아래로 몸을 피한 뒤 머리를 숙이고 손으로 머리를 감싼다.

③ 지진이 멈추면 비상 계단을 통해 넓은 장소로 대피한다.

과학 교과연계
4학년 2학기. 화산과 지진

화산 폭발 실험

준비물

종이 접시, 알루미늄 포일, 식용 소다, 식초,
빨간색 물감, 숟가락, 물컵(종이컵)

① 종이 접시 위에 알루미늄 포일로 화산 모양의 그릇을 10cm 높이로 만든다.

② 화산 모양의 그릇에 식용 소다를 세 숟가락 넣는다.

③ 이어서 숟가락의 $\frac{1}{3}$ 정도 양의 빨간색 물감을 넣는다.

④ 식초를 물컵이나 종이컵의 $\frac{1}{2}$ 정도의 양을 넣는다.

⑤ 화산 분출 물질을 관찰해 본다.

 **과학원리**

화산에서 분출할 때 나오는 물질을 화산 분출물이라고 한다. 화산 분출물은 화산재, 수증기, 이산화탄소, 화산 가스, 화산 암석 조각, 용암 등이 있다. 이 실험은 화산의 용암 분출에 관한 간접 실험으로 용암 형태의 분출물만 관찰 가능하다.

다양한 SNS 채널에서
아울북과 올파소의 더 많은 이야기를 만나세요.

인스타그램   페이스북   네이버카페   네이버포스트
@owlbook21 @owlbook21 owlbook21   아울북 and 올파소

④ 쌍둥이 섬의 거인

글 김정욱 **그림** 유희석 **정보 글** 서원호
감수 카이스트 과학 영재교육원 연구원 김희목 권경아
초판 1쇄 발행 2024년 10월 4일
초판 2쇄 발행 2025년 5월 12일

펴낸이 김영곤
프로젝트1팀장 이명선
기획개발 권정화 김현정 강혜인 최지현 채현지 우경진 오지애 **디자인** 박지영
마케팅팀 남정한 나은경 한경화 권채영 최유성 전연우
영업팀 한충희 장철용 강경남 황성진 김도연 **제작팀** 이영민 권경민
IPX 강병목 임승민 김태희

펴낸곳 ㈜북이십일 아울북 **출판등록** 2000년 5월 6일 제406-2003-061호
주소 (우 10881) 경기도 파주시 문발동 회동길 201
연락처 031-955-2100(대표) 031-955-2441(내용문의) 031-955-2177(팩스) **홈페이지** www.book21.com
ISBN 979-11-7117-819-3 (77400)

Licensed by IPX CORPORATION

본 제품은 아이피엑스 주식회사와의 정식 라이선스 계약에 의해 ㈜북이십일에서 제작, 판매하는 것으로
아이피엑스 주식회사의 명시적 허락 없이는 어떠한 경우에도 무단 복제 및 판매를 금합니다.

＊책값은 뒤표지에 있습니다. ＊잘못 만들어진 책은 구입하신 서점에서 교환해 드립니다.

KC	・제조자명 : ㈜북이십일　　　　　　　　・제조연월 : 2025년 5월 12일 ・주소 및 전화번호 : 경기도 파주시 회동길 201(문발동)　・제조국명 : 대한민국 　031-955-2100　　　　　　　　　　　・사용연령 : 3세 이상 어린이 제품

・이미지 출처 게티이미지코리아

레너드 요원의 비밀 수사를 도와줘!

레너드 요원과 변신 용품들을 오려서 붙여 보세요!

함께 읽으면 좋아요!

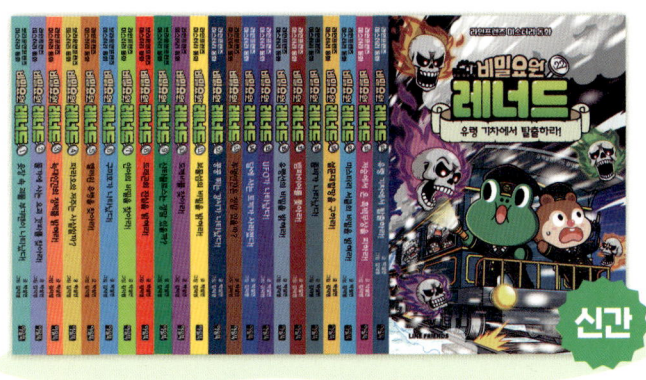

스릴 만점! 예측 불허!
레너드 요원의
미스터리 대모험!

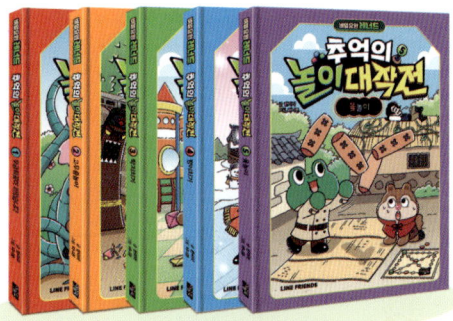

초등 필수 어휘 수록!
배꼽 잡고 웃다 보면
문해력이 쑥쑥!

신개념 놀이 동화!
추억의 놀이 즐기며
사고력, 관찰력을 키워요!

★ 교보문고, 예스24, 알라딘 등 온라인 서점 및 전국 오프라인 서점에서 만나실 수 있습니다 ★